**Bibliografische Information der Deutschen Nationalbibliothek:**

Die Deutsche Bibliothek verzeichnet diese Publikation in der Deutschen National-
bibliografie; detaillierte bibliografische Daten sind im Internet über http://dnb.d-
nb.de/ abrufbar.



**Impressum:**

Copyright © 2016 GRIN Verlag, Open Publishing GmbH
Druck und Bindung: Books on Demand GmbH, Norderstedt Germany
ISBN: 9783668436244

**Dieses Buch bei GRIN:**

http://www.grin.com/de/e-book/358851/nachwachsende-rohstoffe-bei-der-energie-
gewinnung-und-ihre-bedeutung-fuer

**Lukas Haustein**

# Nachwachsende Rohstoffe bei der Energiegewinnung und ihre Bedeutung für die chemische Industrie

GRIN Verlag

# Nachwachsende Rohstoffe bei der Energiegewinnung und ihre Bedeutung für die chemische Industrie

## Facharbeit im Fach Chemie

## am Gymnasium Olbernhau

vorgelegt von

Lukas Haustein

im Schuljahr 2016

Olbernhau, den 24.02.2016

# Gliederung

# 1. Einleitung

"Energie aus nachwachsenden Rohstoffen, vor allem aus Holz, kann einen erheblichen Beitrag zur Verringerung des vom Menschen verursachten Treibhauseffektes leisten. Gleichzeitig können die erschöpflichen Energiequellen Erdöl, Erdgas und Kohle geschont und für zukünftige Generationen erhalten werden. [...] Dadurch kann ein Beitrag zu einer umwelt- und klimaverträglicheren Energieversorgung in Deutschland erbracht werden." Zu dieser Erkenntnis kam Fritz Brickwedde 1997, damals Generalsekretär der Deutschen Bundesstiftung Umwelt in Osnabrück. Damals wie heute ist der Umstieg auf die überwiegende Energiegewinnung aus nachwachsenden Rohstoffen ein großes Thema, womit sich unsere Generation, aber auch viele Generationen nach uns auseinandersetzen müssen. Schließlich sind Energieträger wie Erdöl und Erdgas erschöpflich und irgendwann aufgebraucht. Auch in der chemischen Industrie sind diese Rohstoffe sehr wichtig, weil auch dort viel Erdöl eingesetzt wird, wie zum Beispiel für Kunststoffe, Farbstoffe oder auch Waschmittel. Deshalb werde ich mich in meiner Facharbeit mit Rohstoffen auf Pflanzenbasis, deren Rolle bei der Energiegewinnung und ihre Bedeutung für die Industrie beschäftigen, wobei Gründe für den Umstieg, Chancen und auch Probleme im Vordergrund stehen. Außerdem werden Beispiele beleuchtet, wo pflanzliche Rohstoffe zur Energiegewinnung und zur Weiterverarbeitung in der Industrie verwendet werden.

# 2. Untersuchungsgegenstand/Problemstellung

Aufgabe dieser Arbeit wird es sein, sich mit dem Einsatz von nachwachsenden Rohstoffen in der Wirtschaft auseinanderzusetzen, speziell bei der Energiegewinnung und in der chemischen Industrie. Dabei soll geklärt werden, warum der Umstieg auf Pflanzenbasis überhaupt nötig ist.
Weitere Schwerpunkte liegen auf Chancen, Risiken und Perspektiven von nachwachsenden Rohstoffen beim Einsatz in diesen Bereichen. Ziel meiner Facharbeit soll es schließlich sein, die Bedeutung dieser Ressourcen für die heute Zeit und auch für die Zukunft darzustellen und zum am Ende objektiv betrachten zu können.

## 3. Vorgehen

Als Erstes werde ich versuchen, mich mit dem Thema allgemein auseinandersetzen und näher kennen zu lernen. Dabei sollen mir Fachbücher aus Bibliotheken eine große Hilfe sein. Außerdem werde ich viele Informationen aus dem Internet beziehen. Auch sollen mir aktuelle Informationen zum Thema helfen.

## 4 . Warum der Einsatz von nachwachsenden Rohstoffen?

Fossile Brennstoffe, wie zum Beispiel Erdöl oder Kohle sind erschöpflich und gehen irgendwann zur Neige. Dennoch wird weiterhin auf diese Energieträger gesetzt. 2010 wurden lediglich 10% des gesamten Energiebedarfes aus erneuerbaren Energien bezogen, die restlichen 90% gehen aus fossilen Energieträgern und Kernenergie hervor[1]. Gleichzeitig macht der Klimawandel auf sich aufmerksam, der nur noch verlangsamt werden kann. Deshalb ist es wichtig, mit den noch zur Verfügung stehenden Ressourcen verantwortungsvoll umzugehen. Dazu kann die Nutzung  regenerativer Energien (z.B. Biomasse, Solarenergie, Windenergie, Wasserkraft, Erdwärme) einen großen Beitrag leisten. Deshalb wird auch die Nutzung dieser umweltfreundlichen und klimaverträglichen Energien national wie international erheblich  unterstützt[2]. Da immer mehr Menschen Auto fahren, steigt auch der Ausstoß an $CO_2$. Dem soll in den nächsten Jahren vor allem mit durch Strom betriebenen Kraftfahrzeugen, aber auch mit Autos entgegengewirkt werden, die mit Biodiesel bzw. Biobenzin (z.B. E10) betrieben werden. Im Biobenzin enthalten ist Ethanol, der aus z.B aus Gerste, Weizen oder auch Zuckerrübe gewonnen wird[3]. Der Großteil erneuerbarer Energie, nämlich ca. 70% wird durch Biomasse erzeugt. Biomasse ist der biologisch abbaubare Teil von Erzeugnissen, Abfällen und Reststoffen der Landwirtschaft mit biologischem Ursprung[4]. Es wird beispielsweise in Biogasanlagen eingesetzt. Dabei werden energiereiche Pflanzen mit Gülle und organischen Feststoffen zu Biogas vergärt. In einem Blockheizkraftwerk wird durch das Gas Strom und Wärme erzeugt. Dennoch zieht der Einsatz nachwachsender Rohstoffe auch Risiken und Probleme mit sich, auf die noch eingegangen wird.

---

1  Bührke, Thomas/Wengenmayr Roland: Erneuerbare Energie. Weinheim 2012, S. 6
2  Kaltschmitt, Martin/Hartmann, Hans/Hofbauer, Hermann: Energie aus Biomasse. Berlin/Heidelberg 2009 (Vorwort)
3  Biodiesel und  E10. URL:https://www.abenteuer-regenwald.de/bedrohungen/biosprit (Stand: 20.01.2016)
4  Definition Biomasse. URL:http://bioenergie.fnr.de/bioenergie/biomasse/definition/ (Stand: 20.01.2016)

# 5. Energiegewinnung durch Pflanzen (Biomasse)

Die Energiegewinnung durch Pflanzen hat einen sehr hohen Stellenwert unter erneuerbaren Energien. 2014 wurden ca. 61% der erneuerbaren Energien aus nachwachsenden Rohstoffen erzeugt[5]. Dabei gibt es 3 verschiedene Arten von Bioenergieträgern:
Bioenergieträger Holz, agrarische Bioenergieträger und Reststoffe sowie Abfälle biogenen Ursprungs[6]. Ich möchte jedoch zunächst nur auf ein konkretes Beispiel eines agrarischen Bioenergieträgers eingehen: die Rapspflanze.

## 5.1. Gewinnung von Biodiesel aus der Rapspflanze

Raps wird in Deutschland vor allem für die Produktion von Rapsöl und Rapsmethylester, aus dem Biodiesel gewonnen wird, angebaut. Raps eignet sich hervorragend zur Herstellung von Biodiesel, da im Rapskorn ein hoher Ölgehalt (40-45%) und gleichzeitig ein niedriger Gehalt an Gamma-Linolensäure enthalten ist[7]. Außerdem kann Biodiesel auch im Winter bei kalten Temperaturen gut genutzt werden. Dieser Biodiesel wird nicht wie der normale Dieselkraftstoff aus Erdöl gewonnen, sondern aus pflanzlichen oder tierischen Ölen, die mit Methanol vermischt werden. Das benötigte Pflanzenöl wird aus den ölhaltigen Samen der Rapspflanze gepresst, dabei entsteht so genannter „Rapskuchen" (Rapsschrot), der als Tiernahrung weiterverwendet werden kann. Der chemische Prozess bei der Biodieselherstellung wird als Umesterung bezeichnet. Dabei wird Methanol dem Pflanzenöl beigemischt, dadurch wird das Pflanzenöl aufgespalten. Diese Öle sind Verbindungen pflanzlicher Fettsäuren mit dem dreiwertigen Alkohol Glycerin, kurz Triglyceride[8]. Dieses Gemisch wird zusammen mit einem Katalysator erwärmt. Dabei „tauschen" Glycerin und Methanol den Platz, d.h. die Glycerinmoleküle des Öls werden durch jeweils drei Methanolmoleküle ersetzt. Danach wird in mehreren Reinigungsschritten das überflüssige Methanol durch Destillation wieder entfernt[9].

---


5   Bührke, Thomas/Wengenmayr Roland : Erneuerbare Energie. Weinheim 2012, S. 6
6   Biomasse: Arten der Nutzung. URL: https://www.energieatlas.bayern.de/thema_biomasse/nutzung.html
    (Stand: 09.02.2016)
7   Energiepflanzen: Raps. URL: http://energiepflanzen.fnr.de/energiepflanzen/einjaehrige-energiepflanzen/raps/
    (Stand: 09.02.2016)
8   Biodieselerzeugung – Verfahren URL: http://www.biowerk-sohland.de/verfahren (Stand: 10.02.2016)
9   Biokraftstoff - Nachhaltigkeit garantiert – Herstellung.
    URL: http://www.biokraftstoffverband.de/index.php/herstellung.html (Stand: 09.02.2016)

Neben dem Hauptprodukt Fettsäuremethylester (FAME) = Biodiesel, entsteht auch Glycerin. Es wird nach der Reinigung vielfältig industriell genutzt, zum Beispiel in der Kosmetikindustrie[10][11].

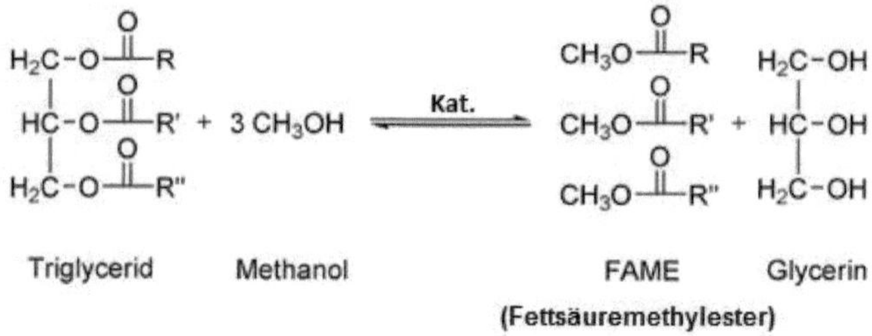

$$
\begin{array}{ccc}
H_2C\text{-}O\text{-}CO\text{-}R & & CH_3O\text{-}CO\text{-}R \quad H_2C\text{-}OH \\
HC\text{-}O\text{-}CO\text{-}R' + 3\,CH_3OH \xrightarrow{\text{Kat.}} & & CH_3O\text{-}CO\text{-}R' + HC\text{-}OH \\
H_2C\text{-}O\text{-}CO\text{-}R'' & & CH_3O\text{-}CO\text{-}R'' \quad H_2C\text{-}OH
\end{array}
$$

Triglycerid    Methanol    FAME (Fettsäuremethylester)    Glycerin

*Abbildung 1: Chemische Reaktion bei der Biodieselherstellung*

Normalerweise wird Biodiesel herkömmlichen Diesel aus Erdöl beigemischt. Oft beträgt der Anteil 7%[12]. In Europa und Asien wird vorwiegend Raps als Rohstoff für Biodiesel verwendet. In Nord- und Südamerika hingegen benutzt man Soja zur Herstellung, in den USA auch teilweise tierische Fette. In Australien werden ausschließlich tierische Fette verwendet[13].

## 5.2. Vorteile durch den Umstieg auf Pflanzenbasis bei der Energiegewinnung

Die energetische Nutzung von von nachwachsenden Rohstoffen wird oft unterschätzt. Jedoch tragen sie einen erheblichen Teil der Energieversorgung unserer Welt bei. Der größte Vorteil ist die Vielseitigkeit der Nutzbarkeit von Biomasse. So kann durch diese Rohstoffe zur Energiegewinnung Strom, Wärme oder Kraftstoff hergestellt werden. In aller erster Linie ersetzen Rohstoffe auf Pflanzenbasis fossile Energieträger, die erschöpflich und klimaschädlich sind. Im Gegensatz zu Erdöl und Erdgas sind nachwachsende Rohstoffe nahezu unerschöpflich und können einfach neu angebaut werden. Wenn Biomasse, speziell Holz, als Brennstoff verwendet wird, ersetzt es nicht nur fossile Energieträger, sondern verringert zusätzlich den Kohlenstoffdioxidausstoß. Denn das $CO_2$, das durch die

---


10 Biokraftstoffe - Herstellung von Biodiesel. URL: http://www.bio-kraft-stoff.de/Herstellung-von-Biodiesel.php
(Stand: 09.02)
11 Bild zum Herstellungsprozess von Biodiesel im Anhang (Herstellungsprozess.jpg)
12 Biokraftstoff - Nachhaltigkeit garantiert – Herstellung.
URL: http://www.biokraftstoffverband.de/index.php/herstellung.html (Stand: 11.02.2016)
13 Über Biodiesel – Rohstoffbasis. URL:
http://biodiesel.evonik.de/product/biodiesel/de/ueber/rohstoffbasis/pages/default.aspx (Stand: 11.02.2016);
Bild dazu im Anhang (Biodieselherstellung.jpg)

Verbrennung ausgestoßen wird, wird von den Pflanzen aufgenommen, die auch zur Energiegewinnung bestimmt sind. Somit ist der Kohlenstoffdioxidausstoß sogar letztendlich neutral[14].

Ein weiterer Vorteil ist, dass Holz ein einheimischer Brennstoff ist. Das heißt, Holz muss nicht über tausende Kilometer transportiert werden, sondern kann direkt aus der Region bezogen werden. Entsprechend gering ist dadurch die ökologische Belastung durch Transportabgase[15]. Auch durch die Verwendung von Biomasse außerhalb von Holz zur Erzeugung von Energie ergeben sich große Möglichkeiten. Neben großen Agrarbetrieben werden oft Biogasanlagen gebaut, die Gülle/Mist und Energiepflanzen in Biogas umwandeln. Im Blockheizkraftwerk wird es in Strom und Wärme umgewandelt. Der Strom kann ins öffentliche Netz eingespeist werden, die Wärme kann für umliegende Gebäude genutzt werden. Dadurch können sich solche Betriebe immer mehr selbst versorgen. Die Reststoffe, die dort anfallen, können sogar als Dünger oder Futtermittel wiederverwendet werden. Außerdem werden so Pflanzenabfälle stark reduziert und landen nicht auf Deponien[16].

Auch durch die Nutzung von Biodiesel durch Rapsöl als Kraftstoff ergeben sich schwerwiegende Vorteile. Der größte ist wahrscheinlich, dass deutlich weniger $CO_2$ ausgestoßen wird als bei normalen Kraftstoffmotoren. Biodiesel gibt gerade mal so viel Kohlenstoffdioxid ab, wie durch die Pflanzen aufgenommen wurde. Weiterhin ist Biodiesel schwefelfrei (<0,001%). Schwefel in Abgasen verursacht sauren Regen und ist somit ein Grund für das Waldsterben, besonders im Erzgebirge[17]. Des weiteren ist Biodiesel leicht biologisch abbaubar, innerhalb von 28 Tagen baut er sich zu 98% ab[18]. Dadurch stellt dieser Treibstoff keine wesentliche Gefährdung für Boden und Grundwasser dar, etwa nach einem Unfall. Außerdem schont Biodiesel den Motor durch die hohe Schmierfähigkeit[19].

---

14 Bührke, Thomas/Wengenmayr Roland : Erneuerbare Energie. Weinheim 2012, S. 9
15 Pro und Contra - Warum mit Holz heizen? URL: http://www.oekowaerme.de/holz_pro_contra.htm
   (Stand 13.02.2016) aus: Fraefel, Rudolf: Heizen und Lüften im Niedrigenergiehaus, ökobuch - Staufen
16 Konitzer, Christoph: Was ist Biomasse? (1. April 2012), URL: http://www.energiequellen.net/biomasse/
   (Stand: 15.02.2016)
17 Biodiesel – Abwägung. URL: http://www.poel-tec.com/lexikon/biodiesel.php (Stand: 15.02.2016)
18 Die Vorteile von Biodiesel. URL: http://www.froehlichtrans.de/Wissen/Biodiesel3.htm (Stand: 15.02.2016)
19 Biodiesel – Abwägung. URL: http://www.poel-tec.com/lexikon/biodiesel.php (Stand: 16.02.2016)

## 5.3. Risiken/Probleme

„Innerhalb von kurzer Zeit stürzte das Image der Biokraftstoffe vom grünen Hoffnungsträger zum Verursacher von Hunger und Ökosystemzerstörer ab."[20]

Das ist eine Aussage von Roland Wengenmayr, Autor des Buches „Erneuerbare Energie". Er meint, Biodiesel aus Energiepflanzen schonen nicht das Klima, im Gegenteil: Wissenschaftler haben bewiesen, dass der Verbrauch von Biodiesel aus Energiepflanzen noch schädlicher für das Klima ist als Sprit aus Erdöl. Grund dafür ist der intensive Anbau dieser Pflanzen. Raps in Deutschland zur Herstellung von Biodiesel benötigt riesige Ackerflächen. Deshalb müsste der Anbau auf das Ausland mit größeren Ackerflächen verlegt werden, was wiederum mit Transportabgasen beim Import verbunden ist[21]. Schon beim Anbau wird viel Energie aus Kohle oder Erdöl verbraucht. Dazu zählt die Bestellung der Felder, Erntemaschinen, Transport, Lagerung und die Verarbeitung zum Biodiesel. Auch Dünger müssen verwendet werden, damit die Pflanzen möglichst viel Ertrag bringen. Aus diesen chemischem Düngern entweicht viel Distickstoffmonoxid $N_2O$ (Lachgas), was die Atmosphäre im Gegensatz zu CO2 um ein Vielfaches schädigt. Insgesamt werden für fast alle Pflanzen, die für die Energiegewinnung vorhergesehen sind, Düngemittel verwendet, die der Umwelt schaden. In vielen Biokraftstoffe ist außerdem Palmöl ein Bestandteil. Dieses wird in Asien und Südamerika angebaut, wofür Regenwald abgeholzt wird. Das gleiche gilt für den Biobenzin, zum Beispiel E10, wofür Pflanzen wie Gerste, Mais, Weizen, Zuckerrübe und Zuckerrohr verwendet werden[22]. Diese Pflanzen, die zur Biobenzinherstellung notwendig sind, belasten gerade in Gebieten mit wenig Niederschlag den Wasserhaushalt. Hinzu kommt, dass die Umwandlung von Urwäldern in Ackerflächen die Klimabilanz verschlechtert, weil nicht mehr so viel CO2 aufgenommen wird[23]. Auch wird durch die Biokraftstoffe die Nahrungsmittelindustrie gefährdet. Alle Pflanzen, die zur Biokraftstoffgewinnung bestimmt sind, sind Nahrungsmittel. Werden immer mehr nachwachsende Rohstoffe für die Energiegewinnung angebaut, werden die Nahrungsmittel knapper. Dadurch steigen die Preise, wodurch man sich in armen Ländern kein Essen mehr leisten kann[24]. Durch den Anbau von

---

20 Bührke, Thomas/Wengenmayr Roland : Erneuerbare Energie. Weinheim 2012, S. 69
21 Biodiesel Auto. URL: http://alternative-kraftstoffe.com/alternative-kraftstoffe/biodiesel-auto/ (Stand: 16.02.2016)
22 Biodiesel und E10. URL:https://www.abenteuer-regenwald.de/bedrohungen/biosprit (Stand: 16.02.2016)
23 Bührke, Thomas/Wengenmayr Roland : Erneuerbare Energie. Weinheim 2012, S. 69
24 Biodiesel und E10. URL:https://www.abenteuer-regenwald.de/bedrohungen/biosprit (Stand: 16.02.2016)

Energiepflanzen steht immer weniger Fläche für andere Nutzung zur Verfügung, wie zum Beispiel für Naturschutzgebiete, Infrastruktur und Gebäude.

## 6. Einsatz von nachwachsenden Rohstoffe in der chemische Industrie

Neben dem Erdöl, dem Erdgas und der Kohle sind die nachwachsenden Rohstoffe wichtige Ausgangsstoffe für die organisch-technische Chemie. Im Jahr 2005 wurden weltweit ca. 245 Mio. t fossiler und nachwachsender Rohstoffe in der chemischen Industrie verarbeitet, davon waren 10,4%, also ca. 25 Mio. t, auf Basis nachwachsender Rohstoffe.

Der Anteil der nachwachsenden Rohstoffe ist in den letzten Jahrzehnten von 8% auf jetzt über 10% gestiegen, und aufgrund der zunehmenden Verknappung gut zugänglicher fossiler Rohstoffe wird dieser Anteil in den kommenden Jahren noch deutlich zunehmen[25].

| Produkte | % |
|---|---|
| Fein- und Spezialchemikalien (Farben, Lacke, Farbstoffe, Pflanzen-schutz, Klebstoffe et al.) | 25,7 |
| Pharmaka | 20,2 |
| Kunststoffe und Kautschuk | 18,0 |
| Organische Grundstoffe | 17,7 |
| Wasch- und Pflegemittel | 7,7 |
| Anorganische Grundstoffe | 7,5 |
| Chemiefasern | 1,9 |

(Deutschland, 2007, Angabe der Prozentanteile vom Gesamt-produktionswert)

*Abbildung 2: Die wichtigsten Produkte der chemischen Industrie*

## 6.1. Herstellung von Waschmittel aus Pflanzenöl

In Waschmitteln wie Waschpulver, Shampoos, Spülmittel, oder Duschgels sind Tenside enthalten. Sie bewirken, dass sich Fett und Schmutz lösen. Die konventionellen Tenside aus Mineralöl sind zwar heute deutlich umweltverträglicher als früher, werden aber aus Erdöl

---

25 Behr, Arno/Agar, David W./Jörissen, Jakob: Einführung in die Technische Chemie. Heidelberg 2010, S. 211

hergestellt, das immer knapper wird. Deshalb wird immer mehr auf Pflanzenöle gesetzt statt auf Mineralöle. Schon heute  sind in rund der Hälfte aller Waschmitteltenside in Europa Pflanzenöl und Zucker enthalten[26]. Viele Waschmittel haben als Basis den Rohstoff Palmöl. Dabei wird das Öl der Palmkerne zu Tensiden verarbeitet. Palmöl zur Herstellung ist notwendig, weil es einen hohen Anteil an gesättigten Fettsäuren besitzt.

Heimische Öle wie Sonnenblumen- oder Rapsöl enthalten mehrfach ungesättigten Fettsäuren und sind deshalb technisch nicht geeignet[27]. Tenside bewirken, dass sich zwei Flüssigkeiten, die sich eigentlich nicht vermischen lassen, vermengen lassen. Spezielle Tenside, auch Emulgatoren genannt, kommen auch in der Lebensmittelindustrie vor. Dabei wird die Oberflächenspannung beider Stoffe herabgesetzt, sodass sich Dispersionen bilden können, ein heterogenes Gemisch, wobei sich die einzelnen Substanzen nicht chemisch miteinander verbinden. Man spricht hier von einer Emulsion[28]. Palmöl wird zur Herstellung von anionischen Tensiden verwendet, zum Beispiel in Seife. Dabei wird das Öl mit Natronlauge (NaOH) oder Kalilauge (KOH) gekocht. Bei der auftretenden chemischen Reaktion werden die Esterbindungen im Fettmolekül gespalten. Dabei entstehen Glycerin und die Natrium- bzw. Kaliumsalze. Diese Salze sind die Tenside.

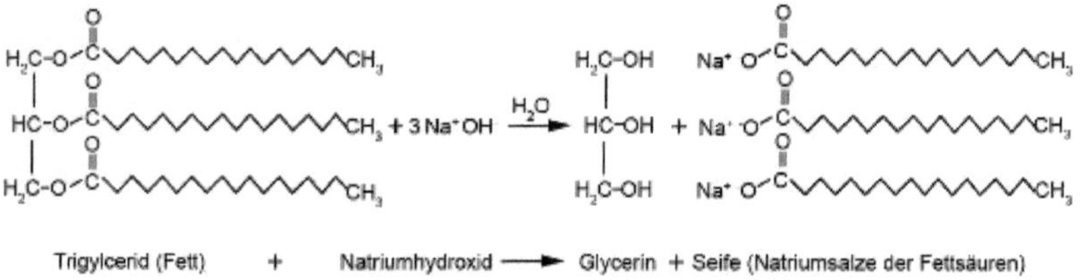

*Abbildung 3: chemische Reaktion bei der Seifenherstellung*

## 6.2. Vorteile durch den Umstieg auf Pflanzenbasis in der chemischen Industrie

Wie auch bei der Energiegewinnung stehen die nachwachsenden Ressourcen für die chemische Industrie nahezu unendlich zur Verfügung, im Gegensatz zu fossilen Rohstoffen,


26 Hoferichter, Andrea: Kleine Helfer für umweltfreundliche Waschmittel (26.04.2007 )
   URL: http://goo.gl/5uVjYr (Stand: 18.02.2016)
27 Palmöl in Reinigungsmitteln. URL: http://zeropalmoel.de/content/eigenschaften (Stand: 18.02.2016)
28 Tenside. URL: http://www.chemie.de/lexikon/Tenside.html#Tenside_in_Waschmittel_und_Kosmetik
   (Stand: 19.02.2016)

die so geschont werden können. Die nachwachsenden Rohstoffe sind weitgehend $CO_2$-neutral, bei ihrer Nutzung entsteht somit kein zusätzlicher Treibhauseffekt. Produkte auf Basis nachwachsender Rohstoffe sind häufig gut ökologisch abbaubar und können somit auch in umweltsensiblen Bereichen eingesetzt werden. Als Beispiel hierfür kann man Schmieröle auf Basis von natürlichen Ölen angeben, die unbedenklich zur Schmierung von Kettensägen im Forstbetrieb eingesetzt werden können. Landwirtschaftlich nicht benötigte Flächen können sinnvoll genutzt werden: ein Beitrag zur Stärkung der Agrarwirtschaft.

Aus chemischer Sicht ist bedeutsam, dass die nachwachsenden Rohstoffe eine Vielfalt von Molekülstrukturen aufweisen, die direkt zur Herstellung hochwertiger Endprodukte genutzt werden können. Das Erdöl hingegen muss erst in kleinere Grundchemikalien gespalten werden, die anschließend wieder in vielen Schritten zu Endprodukten aufgebaut werden müssen. Der Naturstoff kann dagegen häufig direkt genutzt werden. Ein typisches Beispiel ist die Umsetzung eines natürlichen Öles mit Basen zu Tensiden, den Seifen[29].


## 6.3. Risiken/Probleme


Nachwachsende Rohstoffe befinden sich in der Zwickmühle. Auf dem Markt sind Produkte aus nachwachsenden Rohstoffen viel teurer als Produkte, die aus Erdöl und Kohle hergestellt wurden. Erdöl kann relativ einfach in konzentrierter Form aus dem Boden gefördert werden, während viele nachwachsende Rohstoffe oft nur aufwendig zu ernten sind und im Verbund mit anderen Stoffen auftreten. Die Kokosnuss zum Beispiel: Sie wächst an bis zu 30 m hohen Kokospalmen und ist somit recht schwierig einzusammeln. Die Kokosnuss ist außerdem von einer steinharten Schale und Kokosfasern umgeben, die durch mechanische Verfahren erst einmal entfernt werden müssen. Die eigentliche Nuss enthält nur bis zu 70 % Kokosöl, das durch Zerkleinern, Auspressen, Filtrieren und Extrahieren abgetrennt werden muss, ehe man den eigentlichen chemischen Rohstoff in den Händen hält[30]. Außerdem steht Biomasse für die chemische Industrie in ständiger Konkurrenz mit anderen Bereichen, wie Nahrungsmittel, Strom- Wärme und Kraftstoffgewinnung, usw. Daran ist die Nutzung von entsprechenden Ackerflächen gebunden. Da nicht genug Ackerfläche in Deutschland vorhanden ist oder benötigte Pflanzen hier nicht wachsen, müssen die Rohstoffe importiert werden. Das steht

---

29 Behr, Arno/Agar, David W./Jörissen, Jakob: Einführung in die Technische Chemie. Heidelberg 2010, S. 212
30 Behr, Arno/Agar, David W./Jörissen, Jakob: Einführung in die Technische Chemie. Heidelberg 2010, S. 211

auch in Konkurrenz mit anderen bestehenden Ökosystemen, wie zum Beispiel Regenwälder[31]. Palmöl ist ein wahrer Regenwaldzerstörer. Da Palmöl in Biodiesel und vielen Lebensmitteln steckt, ist die Nachfrage danach sehr hoch. Entsprechend müssen Plantagen geschaffen werden, wofür Regenwald abgeholzt werden muss[32]. An dieser Stelle wäre es weniger schädlich für die Umwelt, wenn man Erdöl einsetzen würde.

## 7. Perspektive der nachwachsenden Rohstoffe

Nachwachsende Rohstoffe sind Rohstoffe der Zukunft. Deshalb ist es wichtig, dass immer mehr in Forschung und Entwicklung von Technologien investiert wird. Nicht nur wegen der Knappheit und der über längere Zeit steigenden Preise von Erdöl, sondern auch, weil Deutschland zurzeit 90% aller fossilen Rohstoffe aus dem Ausland importieren muss. Deshalb haben Rohstoffe auf Pflanzenbasis eine große Perspektive in Deutschland, weil man nicht mehr so sehr vom Ausland abhängig wäre. Heute werden trotzdem 65% der nachwachsenden Rohstoffe importiert[33].

Bei den regenerativen Energieträger wird Biomasse bisher am meisten genutzt. Rund 10 % der weltweiten Primärenergienachfrage werden durch Biomasse gedeckt. Auch in Europa etabliert sich die Biomasse zunehmend als eine feste Größe im Energiesystem. Nachwachsende Rohstoffe sollen aufgrund der großen unerschlossenen Potenziale und der relativen Marktnähe im Vergleich zu anderen Optionen zur Nutzung regenerativer Energien in Zukunft einen noch größeren Beitrag im Energiesystem leisten. Nachwachsende Rohstoffe können so am Aufbau einer zukünftig umwelt- und klimaverträglicheren und damit nachhaltigeren Energieversorgung mitwirken[34]. Jedoch ist das Potential begrenzt, weil eine stärkere Nutzung von Biomasse immer mehr Ackerfläche benötigt und so in Konkurrenz mit anderen Bereichen, wie Nahrungsmittelproduktion oder Umweltschutz, steht.

In der chemischen Industrie haben sich nachwachsende Rohstoffe schon lange etabliert. Schon 2005 wurden rund 10% von nachwachsenden Rohstoffen dort eingesetzt[35]. Trotzdem


31 Biomasse – Rohstoff für die chemische Industrie,
    URL: http://www.ifeu.de/landwirtschaft/pdf/VCI_IFEU_Biomasse_Chemie_Industrie.pdf (Stand:
    19.02.2016)
32 Burger, Kathrin: Pflanzlich, aber schädlich. (7. 10.2010 ), URL: http://www.zeit.de/2010/41/Palmoel-
    Regenwald (Stand: 19.02.2016)
33 Rohstoffbasis der chemischen Industrie. URL: https://www.vci.de/vci/downloads-vci/top-thema/daten-
    fakten-rohstoffbasis-der-chemischen-industrie-de.pdf (Stand: 30.11.2015)
34 Kaltschmitt, Martin/Hartmann, Hans/Hofbauer, Hermann: Energie aus Biomasse. Berlin/Heidelberg
    2009 (Vorwort)
35 Behr, Arno/Agar, David W./Jörissen, Jakob: Einführung in die Technische Chemie. Heidelberg 2010, S. 211

erfährt Biomasse in der chemischen Industrie keine starken Zuwächse im Gegensatz zu Biokraftstoffen und Bioenergie, da die stoffliche Nutzung nachwachsender Rohstoffe nicht vom Staat subventioniert wird.

In der chemischen Industrie wären staatliche Eingriffe ungeeignet, weil sich die Märkte zum Teil stark unterscheiden: Chemie-Unternehmen stehen im weltweiten Wettbewerb und richten Ihr Produktportfolio und die die dafür benötigten Rohstoffe an den Bedürfnissen des Marktes aus. Hier haben fossile Rohstoffe meist die besseren Karten. Hinzu kommt, dass sich eine explizite Nachfrage nach Produkten auf Basis nachwachsender Rohstoffe – und die Bereitschaft, dafür auch einen Aufpreis zu zahlen - bislang in Grenzen hält[36].


## 8. Schlussfolgerung

Die Nutzung von nachwachsenden Rohstoffen ist mittlerweile in der breit geführten Klimadebatte ein zentrales Thema geworden. Biomasse bietet große Chancen hinsichtlich ihrer chemischen und energetischen Nutzungsmöglichkeiten. Dennoch ist das nationale Angebot an Biomasse zwangsläufig durch die zur Verfügung stehende Fläche begrenzt. Die derzeit sehr ambitionierten politischen Ziele in Deutschland können demnach nicht mit Biomasse nationaler Herkunft realisiert werden. Deshalb ist auch Deutschland als gutes Beispiel für den Umstieg auf regenerative Energien, auf Auslandsimporte stark angewiesen. Auch ist ist der Anbau von Biomasse nicht immer nachhaltig und umweltverträglich. Er kann mit negativen Auswirkungen auf den Naturhaushalt verbunden sein. Es ist zu befürchten, dass durch einen verstärkten Anbau negative Auswirkungen der Landwirtschaft im allgemeinen in gesteigertem Maße auftreten. Dieser Zusammenhang sollte vor einem weiteren Ausbau der Biomassennutzung intensiver untersucht werden. Die Förderung von Bioenergie sollte mit einem naturverträglichen Ausbau des Anbaus einhergehen. Nachwachsende Rohstoffe bei der Energiegewinnung sind ein wichtiger Baustein für den Umwelt- und Klimaschutz[37]. In der chemischen Industrie machen Fette und Öle derzeit den größten Anteil aus, sie werden vor allem im Bereich Waschmittel und Kosmetik eingesetzt. Auch hier steht die Schonung von fossilen Rohstoffen und der Schutz der Umwelt im Vordergrund. Meiner Meinung nach muss der Einsatz von nachwachsenden Rohstoffen in der

---

36 Chancen und Grenzen des Einsatzes nachwachsender Rohstoffe in der chemischen Industrie. (12.05.2015), URL: https://www.vci.de/themen/energie-klima-rohstoffe/rohstoffe/chancen-und-grenzen-des-einsatzes-nachwachsender-rohstoffe-in-der-chemischen-industrie-vci-position.jsp (Stand: 21.02.2016)
37 Faulstich, Martin/Greiff, Kathrin B.: Klimaschutz durch Biomasse. Berlin 2007, S. 178

chemischen Industrie erforscht und auch gefördert werden. Dazu muss allgemeines Interesse geschaffen werden, um der Biomasse in der technischen Chemie mehr Zuwachs zu verleihen[38]. Die Politik ist gefordert, günstige Rahmenbedingungen zu schaffen, die notwendige Forschung, Entwicklung und Technologieakzeptanz zu fördern und Wettbewerbsnachteile beim Import von nachwachsenden Rohstoffen zu beseitigen[39].

---


38 Rohstoffbasis der chemischen Industrie. URL: https://www.vci.de/vci/downloads-vci/top-thema/daten-fakten-rohstoffbasis-der-chemischen-industrie-de.pdf (Stand: 30.11.2015)
39 Chancen und Grenzen des Einsatzes nachwachsender Rohstoffe in der chemischen Industrie.
URL: https://www.vci.de/vci/downloads-vci/top-thema/daten-fakten-rohstoffbasis-der-chemischen-industrie-de.pdf (Stand: 30.11.2015)

# 9. Quellen- & Literaturverzeichnis


Monografien:

- Bührke, Thomas/Wengenmayr Roland: Erneuerbare Energie. Weinheim 2012
- Kaltschmitt, Martin/Hartmann, Hans/Hofbauer, Hermann: Energie aus Biomasse. Berlin/Heidelberg 2009 (Vorwort)
- Behr, Arno/Agar, David W./Jörissen, Jakob: Einführung in die Technische Chemie. Heidelberg 2010
- Faulstich, Martin/Greiff, Kathrin B.:Klimaschutz durch Biomasse. Berlin 2007, S. 178

Internetseiten:

- Biodiesel und E10. URL: https://www.abenteuer-regenwald.de/bedrohungen/biosprit (Stand: 20.01.2016)
- Definition Biomasse. URL: http://bioenergie.fnr.de/bioenergie/biomasse/definition/
- (Stand: 20.01.2016)
- Biomasse: Arten der Nutzung. URL: https://www.energieatlas.bayern.de/thema_biomasse/nutzung.html (Stand: 09.02.2016)
- Energiepflanzen: Raps. URL: http://energiepflanzen.fnr.de/energiepflanzen/einjaehrige-energiepflanzen/raps/ (Stand: 09.02.2016)
- Biodieselerzeugung – Verfahren. URL: http://www.biowerk-sohland.de/verfahren (Stand 10.02.2016)
- Biokraftstoff - Nachhaltigkeit garantiert – Herstellung. URL: http://www.biokraftstoffverband.de/index.php/herstellung.html (Stand: 09.02.2016)
- Biokraftstoffe - Herstellung von Biodiesel. URL: http://www.bio-kraft-stoff.de/Herstellung-von-Biodiesel.php (Stand: 09.02)
- Biokraftstoff - Nachhaltigkeit garantiert – Herstellung. URL: http://www.biokraftstoffverband.de/index.php/herstellung.html (Stand: 09.02.2016)
- Über Biodiesel – Rohstoffbasis. URL: http://biodiesel.evonik.de/product/biodiesel/de/ueber/rohstoffbasis/pages/default.aspx (Stand.11.02.2016)

- Pro und Contra - Warum mit Holz heizen? URL: http://www.oekowaerme.de/holz_pro_contra.htm (Stand: 13.02.2016)
- Konitzer, Christoph: Was ist Biomasse? (1. April 2012), URL:http://www.energiequellen.net/biomasse (Stand: 15.02.2016)
- Biodiesel – Abwägung. URL: http://www.poel-tec.com/lexikon/biodiesel.php (Stand: 15.02.2016)
- Die Vorteile von Biodiesel. URL: http://www.froehlichtrans.de/Wissen/Biodiesel3.htm (Stand: 15.02.2016)
- Biodiesel – Abwägung. URL: http://www.poel-tec.com/lexikon/biodiesel.php (Stand: 16.02.2016)
- Biodiesel Auto. URL: http://alternative-kraftstoffe.com/alternative-kraftstoffe/biodiesel-auto/ (Stand: 16.02.2016)
- Biodiesel und E10. URL:https://www.abenteuer-regenwald.de/bedrohungen/biosprit (Stand: 16.02.2016)
- Hoferichter, Andrea: Kleine Helfer für umweltfreundliche Waschmittel (26.04.2007 ) URL: http://goo.gl/5uVjYr (Stand: 18.02.2016)
- Palmöl in Reinigungsmitteln URL: http://zeropalmoel.de/content/eigenschaften (Stand: 18.02.2016)
- Tenside. URL: http://www.chemie.de/lexikon/Tenside.html#Tenside_in_Waschmittel_und_Kosmetik (Stand: 19.02.2016)
- Biomasse – Rohstoff für die chemische Industrie, URL:http://www.ifeu.de/landwirtschaft/pdf/VCI_IFEU_Biomasse_Chemie_Industrie.pdf (Stand.19.02.2016)
- Burger, Kathrin: Pflanzlich, aber schädlich. (7. 10.2010 ), URL: http://www.zeit.de/2010/41/Palmoel-Regenwald (Stand: 19.02.2016)
- Rohstoffbasis der chemischen Industrie. URL: https://www.vci.de/vci/downloads-vci/top-thema/daten-fakten-rohstoffbasis-der-chemischen-industrie-de.pdf (Stand: 30.11.2015)
- Chancen und Grenzen des Einsatzes nachwachsender Rohstoffe in der chemischen Industrie. (12.05.2015), URL: https://www.vci.de/themen/energie-klima-rohstoffe/rohstoffe/chancen-und-grenzen-des-einsatzes-nachwachsender-rohstoffe-in-der-chemischen-industrie-vci-position.jsp (Stand: 21.02.2016)

- Chancen und Grenzen des Einsatzes nachwachsender Rohstoffe in der chemischen Industrie. URL: https://www.vci.de/vci/downloads-vci/top-thema/daten-fakten-rohstoffbasis-der-chemischen-industrie-de.pdf (Stand: 30.11.2015)

## 10. Anlagenverzeichnis

- Abbildung 1: Umesterung. URL: http://biodiesel.evonik.de/product/biodiesel/de/ueber/umesterung/pages/default.aspx (Stand: 21.02.2016)
- Abbildung 2: Behr, Arno/Agar, David W./Jörissen, Jakob: Einführung in die Technische Chemie. Heidelberg 2010, Seite 5
- Abbildung 3: Herstellung von Tensiden. URL: http://www.standort-ludwigshafen.basf.de/group/corporate/site-ludwigshafen/de/about-basf/worldwide/europe/Ludwigshafen/Education/Lernen_mit_der_BASF/tenside/Herstellung (Stand: 21.02.2016)